恐龙大追踪

素食主义——
总也吃不饱的梁龙

崔钟雷 编著

知识出版社

前言

　　6 500 多万年前，地球上发生了未知的可怕灾难。突如其来的巨变让主宰地球长达 1.6 亿年的神秘恐龙和许多生物一起消失了。直到一名欧洲人发现了许多埋藏在地下的巨大骨骼化石，恐龙这种神秘的动物才慢慢被人了解，并逐渐成为孩子们最感兴趣的史前生物。

　　恐龙是如何生存的？它们有什么样的特殊习性？又是什么原因让恐龙从地球上消失了呢？为了满足孩子的好奇心和探索精神，我们精心打造了《恐龙大追踪》系列丛书。让神秘而有趣的恐龙带领孩子们开启

终极探险的神秘之旅，一起去破解神奇的自然密码！

　　总之，本套丛书用简单活泼的语言和生动逼真的图片引领孩子走进神秘的史前时代；用严谨科学的讲解方式帮助孩子形成对恐龙的系统认识；趣味问题及揭晓答案会和孩子进行充分的互动，让孩子对书本爱不释手。相信这套将精彩图文与独特设计完美融合的图书一定会带领孩子走进超级刺激的恐龙体验乐园，让孩子爱上阅读，爱上探索。

编　者

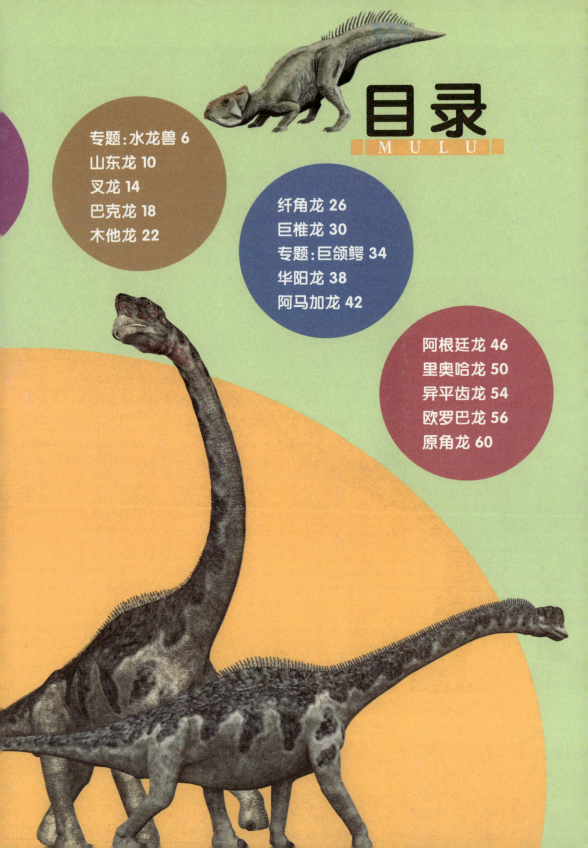

目录
MULU

专题:水龙兽 6
山东龙 10
叉龙 14
巴克龙 18
木他龙 22

纤角龙 26
巨椎龙 30
专题:巨颌鳄 34
华阳龙 38
阿马加龙 42

阿根廷龙 46
里奥哈龙 50
异平齿龙 54
欧罗巴龙 56
原角龙 60

慈母龙 64

弯龙 68

盔龙 72

黑水龙 76

梁龙 78

禄丰龙 82

迷惑龙 86

棘鼻青岛龙 90

棱齿龙 94

赖氏龙 98

峨眉龙 102

蜀龙 106

圆顶龙 110

埃德蒙顿龙 114

腱龙 118

鹦鹉龙 122

附:迷惑龙寻

亲记 126

专题：水龙兽

河马状的体形

水龙兽的体形与今天的河马十分类似，头部很大，颈部很短，身体呈桶状。水龙兽最大的特征就是上颌部有一对长牙，除此之外，没有其他的牙齿。水龙兽的身体结构已经具有进步性，但是它们的头部结构还十分原始。

趣味问题

为什么说水龙兽是大陆漂移说的佐证？

地球曾经的主宰者

　　二叠纪~三叠纪时期，地球上发生了一次灭绝事件。水龙兽在这次灭绝事件中存活了下来，因此，水龙兽成为了三叠纪早期最常见的陆生脊椎动物。水龙兽也因此成为了地球上的主宰者，但是后来随着气候的变化，它们的地位逐渐被恐龙所取代。

生活习性

　　水龙兽的名字中虽然有"水"，但是它们并不生活在水中，而是生活在湖泊和池沼的边缘地区，以植物为食，喙状嘴能够切碎坚硬的植物。水龙兽的前肢比后肢粗壮，这也让一些古生物学家认为，水龙兽有挖洞的习性。

人类的祖先

　　一些古生物学家认为水龙兽是哺乳动物的祖先，因此在一定意义上来说，水龙兽也可以算得上是人类的祖先。

揭晓答案

　　水龙兽化石大部分发现于非洲，此外在印度、中国、蒙古、俄罗斯以及南极地区也有发现。这说明水龙兽的分布十分广泛，因此，水龙兽常被用来证明大陆漂移说。

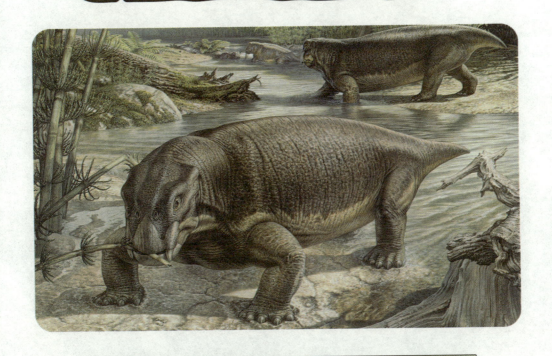

同类比较 >>>>>

　　水龙兽与同属异齿兽类的其他动物相比，有很多特殊之处。水龙兽的头骨构造很特别，眼眶位置很高，能够直达头顶，眼眶前的面部和嘴不是向前伸的，而是折向下方。

山东龙

体态特征

　　山东龙是一种大型鸭嘴龙类恐龙，身体的总长能达到15米左右。山东龙的嘴部扁平，类似鸭嘴，嘴中没有门齿，两颊处有很多臼齿，这些臼齿被分成60~63个区块，牙齿构造与埃德蒙顿龙的牙齿结构相似。

发现地

　　山东龙的化石是在中国山东省诸城市被发现的。长期以来，当地居民总能在溪涧之间发现骨骼化石，他们习惯将发现的化石称为龙骨，而这一地区也就成为了名副其实的龙骨涧。

趣味问题

与其他鸭嘴龙类恐龙相比，山东龙的尾巴有什么特点？

生活习性

山东龙是一种群居的植食性恐龙，它们喜欢和同伴集体出行，这样能够帮助它们抵御肉食性恐龙的袭击。山东龙平时主要以四足行走，但是当遭遇肉食性恐龙袭击的时候，它们会依靠后足直立行走，甚至奔跑。

揭晓答案

山东龙有一条很长的尾巴，长度几乎占了身长的一半。此外，山东龙的尾巴还十分粗壮，当它们直立行走的时候，尾巴就会抬起来，帮助身体保持平衡。

长相普通 ▶▶▶▶

　　山东龙的长相十分普通，它们不像许多其他鸭嘴龙类恐龙一样长有冠饰，因此，如果鸭嘴龙类恐龙举行选美比赛的话，山东龙是排不上名次的。

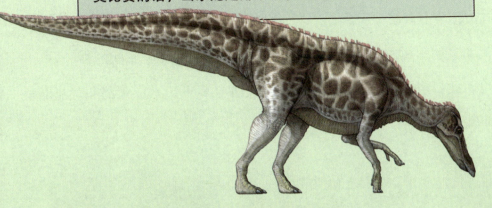

特殊结构

　　山东龙的鼻孔附近有两个被下垂物覆盖的洞，可以发出低沉的声音，与同伴沟通。如果成群的山东龙同时发出声音，效果应该是十分震撼的。

叉 龙

身体特征

与大多数蜥脚类恐龙相比，叉龙身躯庞大，但脖子相对较短、较粗，这是叉龙最明显的身体特征。叉龙的脊椎背面长有叉子形状的神经棘，叉龙也因此得名，背部的肌肉附着在这些神经棘上，并在颈部和背部形成了非常明显的隆脊。

梁龙的远亲

虽然叉龙的外形和梁龙相差甚远，但是古生物学家已经证实了叉龙是梁龙的远亲。

趣味问题

叉龙不具备绝对的生存优势，但它们不必担心食物来源，这是为什么呢？

行动能力

在蜥脚类恐龙中，叉龙的体形算是很小的了，但叉龙颈部、躯干、四肢的肌肉十分发达，抵御猎食者的能力不容小觑。而且，体形相对较小的叉龙要比其他大型恐龙行动起来更灵活。

揭晓答案

与叉龙生存在同一时期、同一地域的钉状龙和长颈巨龙分别以低矮植物和高处植物为食，短脖子决定了叉龙只能以中等高度的植物为食，所以不会与其他恐龙争抢食物。

叉状神经棘

当考古学家第一次发现叉龙化石的时候，他被这种恐龙叉子状的神经棘震惊了。他或许会十分懊悔，因为如果他能足够早地发现这种恐龙，或许他就可以受到启发而第一个发明叉子这种餐具。如果是这样，他现在可能已经成为了富翁，而不需要每天在恐龙化石的发掘现场跟泥土打交道。

巴克龙

外形特征

　　巴克龙的头骨短而平滑，长有一个鸭嘴般的喙状嘴。巴克龙的前肢短小，后肢粗壮，很可能具备快速奔跑的能力。巴克龙的尾巴又粗又长，能在其快速行走或奔跑时帮助它们保持身体平衡。

头冠引发的争吵

　　起初，一些古生物学家认为巴克龙头部没有冠状物，但是后来又有一些古生物学家在研究巴克龙的化石时发现了疑似头冠的碎片，两组古生物学家陷入了激烈的争论中，但依旧没有确定的答案，要想知道巴克龙是否长有头冠，还需要更多的实物作为证据。

趣味
问题

在巴克龙的生长过程
中，它们的行走方式会发生怎样
的变化呢？

19

生活习性

　　巴克龙生活在河湖附近，以松柏科植物为食。巴克龙的喙状嘴能够帮助其轻松地磨碎坚硬的叶子。巴克龙的性情十分温顺，主要以群居的方式生活。除此之外，巴克龙可能还有季节性迁徙的习性。

揭晓答案

　　未成年的巴克龙个体主要以后足行走，但是成年巴克龙的后足无法长时间支撑其过重的体重，这时它们会选择四足着地的方式行走。

著名的巴克龙化石产地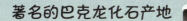

在中蒙边界的二连盐池，人们曾发现了十几具从幼年到老年的巴克龙化石，二连盐池也因此成为了亚洲乃至世界上最著名的巴克龙化石产地。

牙齿特点

巴克龙的牙齿很少，但是十分发达，这些牙齿交错排列。当旧的牙齿磨损严重时，新的牙齿会不断生长，代替旧的牙齿。

木他龙

外形特征

　　木他龙是在澳大利亚发现的最重要的恐龙品种之一，与生活在北美洲的禽龙是近亲。木他龙的前肢较短，前肢内侧第一指上有锐利的钉状爪；后肢长且粗壮，后肢上的趾融合在一起成蹄状。木他龙的脸颊处有囊袋，能够储存食物。

趣味
问题

木他龙最大的特点就
是有一个很大的、向上鼓起的口鼻
部，这种特殊的构造有什么作用呢？

生活习性

　　木他龙是一种大型的植食性恐龙，以蕨类植物、树叶以及果子为食。木他龙以四足行走，但是它们可以用后肢站立，因此它们能吃到高处的树叶。科学家们认为，木他龙有定期迁徙的行为。木他龙会从一个岛屿迁徙到另一个岛屿，最终到达温暖的地区，躲避澳洲和南极洲寒冷的冬季。

揭晓答案

　　木他龙的口鼻部是中空的，可以发出鸣叫声向异性炫耀，也可以给吸入鼻腔内的冷空气加温。

发现过程

①德兰顿是澳大利亚兰顿牧场的主人，他每天都会来到昆士兰木他巴拉镇地区放牧。1963年的一天，德兰顿照常去放牧，但是惊喜就在这一瞬间发生了。

②德兰顿在布满石头的岩石表面上发现了奇怪的东西。起初，他以为是死掉的牛骨头，但是走近一看，他放弃了这种想法。

③德兰顿坚信，这是一种大型动物的骸骨。他带走了几块骨骼化石，准备送往博物馆去找专家检验。

④经昆士兰博物馆专家的鉴定，德兰顿找到的是一具较完整的恐龙骸骨，并且这种恐龙从未被发现过。后来，这种新发现的恐龙就以发现地的名字被命名为木他龙。

纤角龙

小型角龙

　　纤角龙生活在白垩纪晚期的北美洲和亚洲的森林、草原地区，是一种小型角龙类恐龙。纤角龙的身长约2米，体重68~200千克。纤角龙头上有一圈板状的硬甲，能够起到抵御猎食者的作用。

趣味
问题

纤角龙是第一种被记载并发布的小型角龙类恐龙，它们与一般的角龙类恐龙有什么区别呢？

生活习性

　　纤角龙生活的时代，开花植物已经遍布大陆，因此它们可能主要以开花植物，以及蕨类植物、苏铁和松柏类植物为食。纤角龙有一个呈钩状的喙状嘴，能够啃咬植物。嘴中有数百颗边缘呈凿状的牙齿，能够将叶子咬碎。纤角龙的四肢几乎一样长，因此它们主要以四足行走，但是必要时它们也可以用后足行走和站立。

揭晓答案

　　纤角龙虽然是一种角龙类恐龙，它们的名字中也有"角"，但是纤角龙并没有长角，因此纤角龙又被称为"隐角龙"。

群体生活

　　纤角龙以群居的方式生活，一旦受到猎食者的攻击，大量健壮的成年纤角龙就会组成一个包围圈，将未成年与年老的纤角龙围在圈中。

善于奔跑

纤角龙有一个与其他角龙类恐龙不同的特点，那就是它们的后肢发达，善于奔跑，这对于没有其他防御措施的纤角龙来说是十分重要的。纤角龙的尾巴长而粗壮，可以在快速奔跑时保持身体平衡。

29

巨椎龙

修长的身躯

巨椎龙又名大椎龙，是最早被命名的恐龙之一。巨椎龙身长 4~6 米，头部很小，颈部很长，为了平衡头部与颈部的重量，巨椎龙还长有长长的尾巴。巨椎龙有与鸟类类似的气囊，这或许能帮助巨椎龙进行有效的呼吸。

趣味问题

巨椎龙前肢内侧第一指上有锐利的指爪，它们的指爪有什么作用呢？

化石的发现 ▶▶▶▶

　　迄今为止，人们在南非找到了几件完整的巨椎龙骨骼和头骨化石。此外，人们还发现了一些含有胚胎的巨椎龙蛋化石。

31

揭晓答案

巨椎龙前肢内侧第一指上的锐利指爪能够把植物撕成碎片，帮助进食。此外，锐利的指爪还能帮助巨椎龙抵御猎食者的袭击。

强壮的后肢

与细小的前肢相比，巨椎龙后肢上的肌肉十分发达，看起来十分强壮，因此，巨椎龙可以依靠后肢站立起来，吃到高处的叶子。

生活习性

巨椎龙主要栖息在森林中，以植物为食。与巨椎龙同属原蜥脚类恐龙的很多其他恐龙都是以四足行走的，以低矮的植物为食。但巨椎龙短且细小的前肢不具备行走能力，因此巨椎龙以后足行走。除此之外，巨椎龙可能还有照顾后代的行为。

消化方式

古生物学家在巨椎龙的骨骼化石中发现了一些石子，因此他们推测，巨椎龙在进食的同时会吞下石子帮助消化。

33

专题：巨颌鳄

类哺乳动物

　　巨颌鳄身长约 48 厘米，生活在美洲地区。巨颌鳄是一种爬行动物，但是它们看上去更像是一种哺乳动物。它们与哺乳动物存在很多相同点：巨颌鳄和哺乳动物一样，都能在咀嚼食物的同时呼吸；它们的牙齿也有几种不同的类型。

皮毛"外衣"

　　与生活在同一时期的其他动物相比，巨颌鳄有一件特殊的"外衣"，那就是它们的皮毛，这是明显的恒温动物的身体特征。巨颌鳄应该会很喜欢这件"外衣"，因为这可以帮助它们保持体温恒定。

趣味问题

除了偷偷摸摸，巨颌鳄还有一项出色的生存本领，你知道是什么吗？

揭晓答案

巨颌鳄的四肢直立而且行动灵活，在遭遇大型肉食性动物袭击的时候，巨颌鳄能够快速奔跑，而这种逃跑的方式也正是很多小型动物重要的生存手段。

咀嚼能力

作为一种小型植食性动物，巨颌鳄无法任意选择觅食时间，它们只能在大型猎食者很少出现的时间和地点觅食。巨颌鳄长有强健的牙齿，能够咀嚼坚硬的树叶和树皮，因此它们能在并不充足的时间内吃下身体需要的食物。

你知道吗

?

　　为了躲避猎食者，巨颌鳄很有可能是在洞穴中生活的，远古时期的小型爬行动物大多生性机敏，因此它们很有可能为自己挖掘多处洞穴用以藏身。

华阳龙

身体特点和食性

华阳龙是一种小型植食性恐龙，成年华阳龙身长约 4 米，体重能达到 4 吨。与生活在同时期、同地区的很多植食性恐龙相比，华阳龙的身形显得十分矮小。当蜀龙、峨眉龙这些大家伙们抬起头吃树上的叶子时，华阳龙只能低头啃食地面上的低矮植物。

保护幼龙

华阳龙有哺育幼崽的习性。当华阳龙啃食矮小蕨类植物的时候，周围的气龙等猎食者可能正在盯着它们的幼崽，但只要小华阳龙紧紧地跟在父母身边，那些猎食者还是不敢轻易发动进攻的。

趣味问题

华阳龙为什么只能以低矮的植物为食？

命名原因

华阳龙的化石首先发现于中国四川省自贡市大山铺恐龙动物群化石点，因四川的别称为华阳，所以这种恐龙被命名为华阳龙。

揭晓答案

华阳龙的前肢明显短于后肢，导致头部位置较低，另外，它们的脖子非常短，无法吃到高处的植物，所以华阳龙只能以低矮植物为食。

防御武器

矮小的华阳龙很有可能成为肉食性恐龙的捕食目标。早期华阳龙从颈部到尾部的身体背面长有两排剑板，而且尾端还长有尖刺，可以抽打并刺伤猎食者。后期华阳龙的身体两侧还长有尖刺，防御能力进一步加强。

你知道吗

华阳龙的颚部长有叶片状的牙齿，能够切断坚硬的蕨类植物。另外，华阳龙的嘴中长满了细小的牙齿，适于咀嚼坚硬的植物。

阿马加龙

长相奇特

阿马加龙是一种长相奇特的恐龙，这种恐龙头颅骨长而扁，脖子很长，脖子的长度几乎是身躯的 1.3 倍，但是阿马加龙与其他蜥脚类恐龙相比，脖子算是短的。阿马加龙的尾巴也很长，可以在行走时保持身体平衡。

棘刺比较

阿马加龙的棘刺从颈部经过背部一直延伸到臀部，棘刺在颈部最高，至臀部高度逐渐降低。阿马加龙的近亲叉龙身上也有类似的棘刺，但是棘刺的长度不及阿马加龙。

命名原因

阿马加龙的化石发现于阿根廷的阿马加地区，阿马加龙因此得名。发掘出的阿马加龙的化石保存较完整，包括部分头颅骨，颈部、背部、臀部和尾部碎片。

趣味问题

颈椎和背椎上的两列长棘刺是阿马加龙最显著的特点，这些长棘刺有什么作用呢？

揭晓答案

阿马加龙的棘刺十分细，极易磨损，因此不适于防御敌人。阿马加龙的棘刺能够支撑帆状物，使展开的帆状物起到调节体温的作用。

阿根廷龙

　　阿根廷龙的命名十分简单，因为它们的化石是在阿根廷地区被发现的，所以这种恐龙被命名为阿根廷龙。巨大的体形和粗壮的四肢是阿根廷龙最主要的特征。高大的身躯也使阿根廷龙能够采食到高处的叶子。

特殊的身体结构 〉〉〉〉

　　阿根廷龙的椎骨由细小的连接体和骨骼构成，骨骼之间有很大的空隙，这种结构既坚固又轻盈，对于体形巨大的阿根廷龙来说是十分必要的。

趣味问题

阿根廷龙巨大的体形能够吓跑体形较小的猎食者，那么阿根廷龙是否有天敌呢？

发现意义

阿根廷龙化石的发现改变了人们对传统蜥脚类恐龙的认识，证明了蜥脚类恐龙并不仅仅存在于侏罗纪时期，在此之后人们又发现了很多巨大的恐龙化石，这对研究远古地理、古气候和板块漂移是很有帮助的。

终极产物

　　侏罗纪晚期至白垩纪早期，地壳活动十分剧烈，气候很不稳定，大部分在侏罗纪时期名噪一时的蜥脚类恐龙都因不能适应急剧变化的气候而灭绝了。阿根廷龙不但没有灭绝，反而进化得更加庞大，可以说，阿根廷龙是蜥脚类恐龙进化的终极产物。

揭晓答案

古生物学家在阿根廷龙化石的发现地附近发现了一具南方巨兽龙的骨骼化石。南方巨兽龙就是阿根廷龙的天敌，它们很可能采取群体进攻的方式来对付一只阿根廷龙。

喜欢的食物

在侏罗纪相当长的一段时间内，地球上的气候十分稳定，温度适宜，因此蕨类植物大量生长。而蕨类植物正是阿根廷龙喜欢的食物之一。充足的食物也是阿根廷龙得以进化出如此庞大的体形的一个重要原因。

里奥哈龙

体形庞大

　　里奥哈龙是一种大型恐龙，身长约 10 米，里奥哈龙的颈部和尾巴都很长，四肢粗壮而结实，前肢和后肢的长度比较相近，这显示它们很可能是以四足着地的方式行走的。尽管里奥哈龙又大又重，但它们的脊椎骨是中空的，这样可以有效地减轻其身体的总重量。

趣味问题

　　里奥哈龙是一种原蜥脚类恐龙，它们与大多数原蜥脚类恐龙有什么区别？

食性特点

里奥哈龙的牙齿呈叶状，边缘呈锯齿状，这显示它们是一种植食性恐龙。里奥哈龙往往比它们的竞争对手更大、更重。它们能够依靠长长的颈部或凭借强壮的后肢站立起来吃到高处的树叶。里奥哈龙的前肢上长有长长的爪子，能够钩住树枝，也可以用来自卫。

揭晓答案

与标准的原蜥脚类恐龙相比，里奥哈龙的腿骨更大，密度更高。而且，大多数原蜥脚类恐龙有3节荐椎，而里奥哈龙有4节荐椎。

唯一物种

里奥哈龙是里奥哈龙科唯一生活在南美洲的物种，这种恐龙最初被认为是黑丘龙的近亲，但这并没有得到大多数生物学家的认可，争论还在继续。

精力旺盛

　　科学家们通过比较恐龙、现代鸟类和爬行动物的巩膜环大小，提出了里奥哈龙是一种精力旺盛的恐龙的说法。他们认为，里奥哈龙没有固定的活跃时间，不论白天黑夜都可以行动、觅食，只偶尔做短时间的休息。

异平齿龙

趣味问题

异平齿龙有怎样特殊的牙齿结构，以及怎样的进食方式呢？

体形特点

异平齿龙又叫超咬吞蜥，是一种生存在三叠纪时期的以四足行走的爬行动物。异平齿龙身长约1.2米，体重约20千克。异平齿龙的身体低矮，看起来十分粗壮，嘴部呈鸟喙状，能够切断坚硬的植物。

揭晓答案

异平齿龙上颌有很多排牙齿，并且十分坚固，下颌只有一排牙齿。它们进食时，会把植物啃成一块块地吃。

你知道吗

异平齿龙是一种挑食的恐龙，它们最喜欢的食物是有籽的蕨类植物。异平齿龙曾经在三叠纪时期兴盛一时，但是到了三叠纪末期，异平齿龙喜欢的食物彻底消失了，这种恐龙宁愿饿死，也不吃自己不喜欢的食物。最后，异平齿龙因为缺乏食物来源而灭绝了。

欧罗巴龙

侏儒物种

欧罗巴龙是一种蜥脚类恐龙，但是它们并不像大多数蜥脚类恐龙那样有庞大的身躯，欧罗巴龙的体形较小，身长1.7~6.3米。起初，古生物学家认为欧罗巴龙是某种恐龙的未成年个体，但后来古生物学家在研究了欧罗巴龙骨头的结构后，认为欧罗巴龙是一个侏儒物种。

趣味问题

为什么说欧罗巴龙是一个侏儒物种？

外形特征

　　欧罗巴龙最主要的外形特征就是头部很小，脖子和尾巴很长。此外，欧罗巴龙头部上方还有大型鼻孔，可能是作为扬声器来使用的。

揭晓答案

欧罗巴龙的祖先原本体形较大，后来它们迁徙到了面积较小的岛屿后，食物资源短缺。欧罗巴龙祖先的体形开始侏儒化，最后导致欧罗巴龙演化成了一个侏儒物种。

生活习性

欧罗巴龙是一种以四足行走的植食性恐龙。它们的脖子很长，并且十分灵活，能够帮助它们采食高处的树叶，也能够使它们及时发现身边的猎食者。遇到猎食者袭击时，欧罗巴龙会甩动它们像鞭子一样的长尾巴，赶走敌人。

骨质突起

欧罗巴龙眼睛与鼻孔之间有十分明显的骨质突起，这是欧罗巴龙最独特之处。这个骨质突起可能是欧罗巴龙在繁殖季节吸引异性用的。

你知道吗

人有高有矮，恐龙也是一样。当矮小的欧罗巴龙与身材高大的恐龙一起行走的时候，它们会不会感到自卑呢？身材高大的恐龙会不会欺负欧罗巴龙呢？

原角龙

早期角龙类

原角龙是一种早期的角龙类恐龙，因此它们与晚期的角龙类恐龙存在着很大的区别。与晚期的角龙类恐龙相比，原角龙缺乏角状物，只是在鼻骨上方有一个突起，它们的身上保存着一些比较原始的特征。

产蛋方式

原角龙的产蛋方式很独特。繁殖季节，几只雌性原角龙会共用一个窝，一只接一只地产蛋，所有恐龙蛋被整齐地排列成同心圆状，并借助阳光和土壤的温度使它们自己孵化。

身体结构特点

原角龙的体形较小，头部在整个身体中所占的比例较大，因此它们比较聪明。原角龙的身体浑圆，四肢短小粗壮。原角龙的爪子很宽，呈铲状，古生物学家们认为，原角龙的爪子可能是用来挖掘洞穴的。

趣味问题

原角龙的头部后方长有一个宽阔的颈盾，它们的颈盾有什么作用呢？

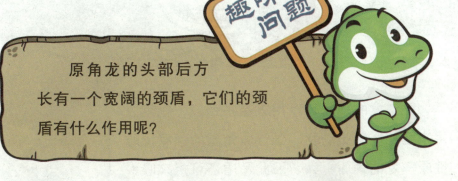

神话传说

狮鹫是一种传说中的生物，长有狮子的身体以及鹰的头。传说，狮鹫住在山上，守卫着地底的黄金。在传说有狮鹫的地方发掘出了大量原角龙化石，而附近山脉也有很多金矿，因此原角龙被认为是传说中狮鹫的原型。

揭晓答案

　　原角龙的颈盾可以用来保护颈部，也可以用来区别同种类动物。雄性原角龙的颈盾比雌性原角龙的颈盾更大，因此颈盾还可用来吸引异性。此外，原角龙的颈盾还能起到自卫作用。

食性特点

　　原角龙的嘴部肌肉发达，咬合能力很强，因此原角龙能以坚硬的植物为食。原角龙的喙状嘴能够帮助其咬断坚硬的植物，口中的多列牙齿也能咀嚼坚硬的植物。

你知道吗

？

古生物学家在发现原角龙的骨骼化石的同时，也发现了原角龙的蛋化石，这也是最早被发现的恐龙蛋化石。此后又有恐龙蛋化石相继被发现，这也证明了恐龙的繁殖方式为卵生。

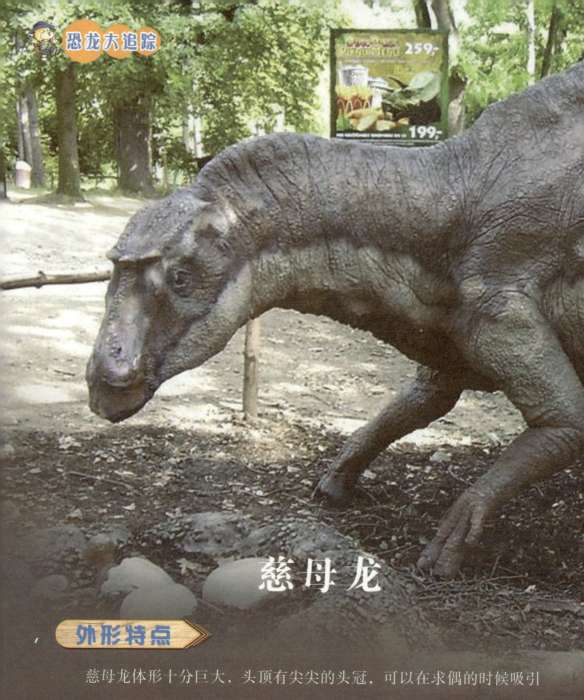

慈母龙

外形特点

　　慈母龙体形十分巨大，头顶有尖尖的头冠，可以在求偶的时候吸引异性，也能够作为内部打斗的武器。慈母龙的头部大小中等，这表明它们应该是一种比较聪明的恐龙。慈母龙的嘴部呈喙状，鼻部很厚，尾巴十分强壮。

趣味
问题

为什么说慈母龙是慈祥的
"妈妈"？

群体生活

慈母龙是一种既可以用后足也可以用四足行走的植食性恐龙。慈母龙没有什么特殊的武器能够抵御肉食性恐龙的袭击，因此慈母龙只能群体生活。慈母龙的群体是十分庞大的，最大的一个群体中个体的数量甚至能超过一万头。

揭晓答案

到繁殖季节，雌性慈母龙会选择特定的地点产蛋。雌性慈母龙会一直照顾幼崽，直到幼崽长大。当幼崽可以独立生存时，雌性慈母龙就会离开它们，转移到其他地方生活。

繁殖过程

①在产卵之前，雌性慈母龙会先在泥地上挖一个坑，然后在坑底铺上柔软的植物，给自己的"孩子"搭建一个舒舒服服的窝。

②雌性慈母龙会在垫好的窝上产18~40枚蛋，蛋的外壳十分坚硬，形状类似柚子。

③慈母龙"妈妈"，甚至还有慈母龙"爸爸"会一直守在蛋的旁边，以防蛋被其他恐龙偷走。

④幼崽孵化后，慈母龙父母会将坚硬的植物嚼碎喂给自己的"孩子"，除此之外，慈母龙幼崽还食用各种野果。

弯龙

体形特征

　　弯龙以四足站立或行走时，身体呈拱形，因此得名弯龙。弯龙是禽龙的近亲，很像缩小版的禽龙，生活在侏罗纪晚期到白垩纪初期的欧洲和北美洲。弯龙的前肢短小，后肢粗壮，前肢上长有突出的指爪，可以帮助它们进食。

趣味问题

　　弯龙没有门齿，那么它们是怎么以坚硬的植物为食的呢？

温顺的伙伴

　　弯龙是群体生活的，而且弯龙的性情十分温顺，很少出现同类之间相互打斗的现象。

揭晓答案

　　弯龙虽然没有门齿，但是它们有非常锐利的喙状嘴，能够把坚硬的植物切断。弯龙两颊边缘呈锯齿状的臼齿以及灵活的颌部结构，使其能够做出类似咀嚼的动作。

生活习性

　　弯龙生活在开阔的林地，身体笨重，行动起来十分缓慢，因此大部分时间它们都依靠四足行走，吃低矮处的植物。但弯龙偶尔也会用后肢站立起来，吃长在高处的植物或快速跑动以躲避猎食者的追击。

你知道吗

?

　　对于弯龙来说，它们没有什么特殊的武器来抵御猎食者，因此它们常常受到猎食者的威胁。但是哪里有压迫，哪里就有反抗，被威胁久了的弯龙群体有时在面对猎食者的时候，并不会逃跑，它们会收起自己温柔的一面，依靠群体的力量抵御肉食性恐龙的攻击。

盔龙

外形特点

盔龙体形很大，身长与一辆公共汽车相近。盔龙的头顶长有一个特殊的头冠，这是其最主要的辨认特征。盔龙的前肢短小，后肢粗大，能够快速奔跑。尾巴又粗又长，能够在奔跑时保持身体平衡。

趣味问题

盔龙头颅骨顶端长有头冠，它们的头冠有什么作用呢？

优势

　　盔龙的性情十分温和，不会主动攻击其他恐龙。盔龙也不具备抵御大型肉食性恐龙袭击的利爪，但是它们的视觉和嗅觉十分灵敏。盔龙的眼睛就像望远镜一样，能从很远的距离发现猎食者的影子。同时，盔龙也会先闻到猎食者的气味，在猎食者赶到之前溜之大吉。

生性机敏

  盔龙是一种集群生活的植食性恐龙，主要生活在水中，但偶尔也会到陆地觅食。盔龙生性机敏，当遇到大型猎食者的时候，它们会跳入湖中，用自己的智慧摆脱不会游泳的肉食性恐龙的猎杀。

揭晓答案

  盔龙的头冠可以发出声音，与自己的同伴沟通或是在危机时刻吓跑猎食者。雄性盔龙的头冠要比雌性盔龙的头冠更大一些，因此盔龙的头冠也可以用来求偶。

进食方式

　　盔龙的嘴部为喙状，在采食枝叶时，盔龙会用自己的喙状嘴将植物割断，再用口中的牙齿对植物进行咀嚼。

大众文化

　　盔龙曾出现在电影《侏罗纪公园3》中，另外，在迪士尼的动画电影《幻想曲》中也有盔龙出现。

黑水龙

早期恐龙之一

　　黑水龙是最古老的恐龙之一，在其生活的时代，恐龙种类并不多，而且绝大多数恐龙都是以小型为主要特点。黑水龙也具备这种特点，其身长约为2.5米，体重约70千克。黑水龙长着长脖子和长尾巴，与之后出现的雷龙和梁龙十分相像，因此黑水龙被认为是雷龙和梁龙的祖先。

趣味问题

　　与后来出现的恐龙相比，黑水龙有一项值得炫耀的本领，你知道是什么吗？

和谐的大家庭 ▶▶▶

　　生存于南美洲的黑水龙与生活在欧洲的板龙有亲缘关系。当时的各大洲是联合在一起的大陆，因此不同种类的恐龙可以轻易地来到其他恐龙的生存区域。

揭晓答案

　　尽管黑水龙的脖子和尾巴都很长，但是它们以后足站立时依然能平衡重心，遇到危险能快速奔跑，而后来出现的同样有如此身体比例的大型植食性恐龙却无法用后足站立。

梁 龙

生长速度

生物学家估计，梁龙的寿命可能超过百年，而它们从幼体长成成体只需要短短的十年时间。这样的生长速度让梁龙家族完全有能力面对捕食者众多的恶劣环境，因为即使幼年梁龙的生存率不高，存活下来的梁龙也能快速成长，并有能力保护自己。

趣味问题

梁龙食量惊人，你知道它们有什么食性特点以及是怎样进食的吗？

长脖子的用途

梁龙脖子的骨骼结构决定了梁龙并不能将头部抬得很高，否则，抬高的脖子会压断颈椎。通常情况下，梁龙的脖子与身体平行或微微上倾，这样，梁龙在身体不动的情况下，也能吃到很大范围的植物。

北美洲霸主

梁龙是整个恐龙家族中最具代表性的物种之一，它们长着很小的头部、长长的脖子、庞大的身躯和鞭状的尾巴，这也是梁龙最明显的外部特征。梁龙在侏罗纪晚期曾统治北美洲地区长达一千万年之久，是名副其实的北美洲霸主。

揭晓答案

梁龙的牙齿较少，而且十分细小，因此梁龙只能以鲜嫩多汁的植物为食。梁龙在吃植物的时候并不咀嚼，而是将植物直接吞下。

尾巴的作用

梁龙的尾巴极长，由 80 节脊骨组成，差不多是一些早期的蜥脚类恐龙尾巴长度的两倍。这条长尾巴可以平衡颈部的重量，尾巴中央部位的双叉形人字骨可以支撑脊骨，或是在尾巴压在地面时保护血管免受破损。

禄丰龙

体形笨重

禄丰龙是一种体形笨重的恐龙，头部很狭小，眼眶大而圆，嘴巴和颌部周围布满了骨质肿块。禄丰龙颈部和尾部都很长，四肢十分粗壮，前肢上长有巨大而锋利的钩爪，能起到自卫作用。

趣味
问题

禄丰龙最显著的特征就是有一条长尾巴，它们的长尾巴有什么作用呢？

进食方式

禄丰龙的牙齿是刀片状的，并且排列得十分紧密，这使得它们能轻易咬断坚硬的植物。

资料遗失

中国著名的古生物学家杨钟健先生曾在 1941 年公布了对禄丰龙较完整的研究成果，但是受到第二次世界大战的影响，资料大部分已经遗失了，这给后来的研究工作带来了很大的困难。

揭晓答案

禄丰龙的长尾巴有很多用处，它能帮助禄丰龙平衡身体的重量，使头部和颈部能够抬起；还能与后肢构成一个三脚支架，支撑庞大的身躯。

恐龙邮票

1958年，中国国家邮政总局将禄丰龙的化石标本印在邮票上，发行了《禄丰龙纪念邮票》，这也是世界上第一枚恐龙邮票。

迷惑龙

 庞然大物

迷惑龙长有长脖子、鞭状尾巴和很小的头部。迷惑龙体重约27吨，体长26米左右，其中，脖子长约8米，尾巴长约9米。迷惑龙的四肢粗壮而有力，走起路来就会发出"轰""轰"的响声。因此这种恐龙曾经也被叫作"雷龙"。

趣味问题

体形庞大的迷惑龙行动真的很迟缓吗？

性情温顺

　　迷惑龙的体形虽然庞大，但是它们的脾气却不大。迷惑龙的性情十分温顺，很少出现与同类或其他种类的恐龙争斗的现象。

不断进食

迷惑龙庞大的身躯需要消耗大量的能量，因此它们必须花费大量的时间来吃东西，而且还要狼吞虎咽。古生物学家虽然还没有计算出迷惑龙一天究竟要吃多少食物才能维持正常的生命需要，但是，迷惑龙很有可能在休息和饮水之外的所有时间都在进食。

胃石

为了维持能量的需要，迷惑龙必须保证进食的速度，因此，迷惑龙没有充足的时间细嚼慢咽，而是将树叶整片吞下。这使得它们只能吞下一些鹅卵石在胃中磨碎植物，帮助消化。

迷惑龙的尾巴

　　迷惑龙在走路的时候，尾巴会抬离地面，以保持身体平衡。在遭遇大型肉食性恐龙的时候，迷惑龙还会用尾巴吓退它们。电脑模拟的结果显示，迷惑龙挥动长尾时，可以发出 200 分贝以上的声响，与现今火炮发射时产生的声响相当。

揭晓答案

　　体形庞大的迷惑龙在陆地上行走起来显得十分笨拙。但是到了水里，迷惑龙就会用其粗大的尾巴来掌握身体平衡，用前肢蹬水，游动起来十分灵活。

棘鼻青岛龙

举世闻名

棘鼻青岛龙是举世闻名的有顶饰的鸭嘴龙类恐龙。在中国发现了第一具也是比较完整的棘鼻青岛龙化石。一只成年的棘鼻青岛龙体重能够达到6~7吨，但是它们的脑容量却很小，只有200~300克。

命名原因

棘鼻青岛龙的化石是在中国山东省青岛市附近发现的，又因为这种恐龙的头上有棘鼻状的顶饰，所以得名棘鼻青岛龙。

趣味
问题

棘鼻青岛龙最主要
的辨认特征就是头顶上的角，它
们的角有什么作用呢？

揭晓答案

棘鼻青岛龙的角又细又长，看上去十分独特。它们的角并不是用来自卫的，而是主要用来在求偶季节吸引异性的。

生活习性

　　棘鼻青岛龙是一种植食性恐龙，主要以树叶、果子和种子为食。棘鼻青岛龙主要以四足行走，但在遭遇猎食者袭击的时候，棘鼻青岛龙会依靠粗壮的后足快速奔跑。除此之外，棘鼻青岛龙也会集群生活来抵御猎食者的攻击。

古生物学家的猜想

　　古生物学家在发现棘鼻青岛龙的化石时欣喜若狂。在兴奋之余，古生物学家也对棘鼻青岛龙角的位置进行了猜想。一些古生物学家认为，棘鼻青岛龙的角是向前倾的；一些古生物学家认为，棘鼻青岛龙的角是向后倾的。他们甚至当上了画家，按照自己的想法描绘自己心中的棘鼻青岛龙。

棱齿龙

迷你体形

一提到恐龙，人们就会想到体形庞大的动物，但是棱齿龙却是一个例外。棱齿龙的体形很小，头部只有成年人的拳头大小，身长只有2.3米，身高大约到成年人的腰部，体重50~70千克。

照顾后代

古生物学家曾发现过布置得很好的棱齿龙的巢穴，这说明，棱齿龙在孵蛋之前会对蛋进行照顾，但是在蛋孵化后棱齿龙是否会照顾后代，我们还不清楚。

趣味问题

在遇到猎食者追杀的时候，棱齿龙是如何脱离险境的呢？

爬树能手

棱齿龙的四肢强健有力，指上长有锋利的指爪，因此它们具有很强的爬树本领，可以爬到高高的树上寻找食物或是躲避大型肉食性动物的袭击。

95

中生代的鹿

棱齿龙的分布范围比较广，主要栖息在森林地区，是一种群居的植食性恐龙。棱齿龙的体形较矮，因此它们只能以低矮的植物为食。棱齿龙的生活习性很可能类似今天的鹿，因此它们被称为"中生代的鹿"。

原始特征

尽管棱齿龙生存在恐龙时代的最后一个时期——白垩纪，但是它们身上依然保留了很多原始恐龙的特征。这说明棱齿龙的进化一直处于缓慢或停滞的状态。

揭晓答案

　　棱齿龙虽然是一种小型恐龙，但是它们也不会任猎食者宰割。棱齿龙的视力极佳，能发现远处的猎食者。一旦发现猎食者，棱齿龙就会快速奔跑。而且，棱齿龙也很善于躲闪。

赖氏龙

鸭嘴龙类恐龙

赖氏龙又名兰伯龙，生存在白垩纪晚期的北美洲，是一种鸭嘴龙类恐龙。如同许多鸭嘴龙类恐龙一样，赖氏龙的头顶也长有特殊的冠饰，它们还有类似鸭嘴的嘴巴。赖氏龙没有门齿，但是两颊处排列着数百颗白齿。

趣味问题

赖氏龙因头顶特殊的冠饰而著名，它们的冠饰有什么作用呢？

灵敏的视觉和听觉

　　赖氏龙的眼窝比较大，这说明这种恐龙的视觉系统占据的空间较大，因此它们可能具备敏锐的视觉能力。此外，赖氏龙的中耳发育良好，因此它们的听觉可能也很灵敏。

　　赖氏龙的头冠大部分是中空的，头冠中有鼻管绕过，头冠有很多功能，其中包括：存放盐腺、储存空气、发出声音，辨认不同种或不同性别、吸引异性等。

生活习性

　　赖氏龙的前肢足够支撑其整个身体的重量，因此它们既可以后足行走，也可以以四足行走。赖氏龙以植物为食，喙状嘴能够帮助它们割断植物，复杂的头部能够帮助它们将植物磨碎。赖氏龙有类似哺乳动物的咀嚼动作，能够对植物进行充分地咀嚼。

你知道吗

？

赖氏龙和盔龙之间有很多相似之处，而且它们生活在同一时期的同一地域。是两种亲缘关系很近的恐龙。

峨眉龙

修长的脖子

　　峨眉龙最显著的特征就是它们长有修长的脖子。峨眉龙颈椎的数量能够达到 17 节，最长的一根颈椎长度是最长的一根背椎长度的 3 倍。峨眉龙中脖子最长的是天府峨眉龙，其脖子长度达到了 9.1 米，仅次于马门溪龙。

趣味问题

　　峨眉龙是侏罗纪中晚期中国地区常见的蜥脚类恐龙，它们有怎样的生存优势呢？

命名原因

1939 年，古生物学家在中国四川省峨眉山附近发现了一具保存较完整的恐龙化石，后来这种恐龙就以发现地的名字被命名为峨眉龙。

其他身体结构特点

与修长的脖子相比，峨眉龙的头部显得很小，身躯显得十分笨重，四肢和尾巴也显得十分粗短。

集群生活

　　峨眉龙是群居动物，喜欢跟同伴们一起居住在宽阔的湖边。峨眉龙群体中的成员从幼年到老年都有，集群生活可以保护幼年峨眉龙和老年峨眉龙的安全，使它们免遭肉食性恐龙的袭击。

牙齿特点

　　峨眉龙的牙齿十分粗大，门齿呈锯齿状，能够帮助其咬断坚硬植物的叶子。两颊处的牙齿能够对叶子进行咀嚼，帮助其消化。

揭晓答案

　　峨眉龙不仅体形巨大，而且集群生活，因此大多数猎食者无法轻易将其猎杀。峨眉龙利用长脖子采食高处的树叶，这让其他许多植食性恐龙无法争抢它们的食物。

蜀龙

体形特点

　　蜥脚类恐龙是迄今为止最大的陆地动物。但蜀龙属于原始蜥脚类恐龙，它们还没有完全进化成庞大的体形。蜀龙的体形大小中等，与其他蜥脚类恐龙相比，颈部较短。蜀龙的牙齿呈勺状，便于它们咬断并咀嚼植物。

趣味问题

　　当肉食性恐龙攻击蜀龙的时候，蜀龙会怎样抵御呢？

命名原因

　　最早的蜀龙化石发现于中国四川，因四川省的古名为"蜀"，故这种恐龙被命名为蜀龙。

主要任务

　　蜀龙完全是一个素食主义者。对于它们来说，填饱肚子并不是一件难事，即使它们的食量再大，也会找到充足的食物来源。它们主要的任务是抵御猎食者的袭击。

恐龙大追踪

揭晓答案

　　蜀龙尾部的最后四个椎骨合并成棍棒状，尾部末端有锥形突起物。当肉食性恐龙接近蜀龙时，蜀龙就会甩动它们的尾巴与对方决斗。

生活习性

　　蜀龙生活在河畔和湖滨地带，是一种植食性恐龙，以鲜嫩多汁的植物为食。蜀龙的四肢长度差别不大，再加上笨重的身躯，蜀龙只能以四足行走，而且行动起来特别缓慢。

你知道吗

对于植食性恐龙来说，消化大量的植物，难免会产生大量的气体。这些气体的主要成分是食物在恐龙腹中经微生物作用后产生的甲烷。

圆顶龙

北美洲常见的恐龙

　　圆顶龙的化石在美国被大量发掘，这使其成为了北美洲最常见的恐龙之一。圆顶龙的头骨向上突起呈拱形，因此这种恐龙被命名为圆顶龙。这种头部结构能起到降低头部温度的作用，使其适应北美洲炎热的天气。

气腔

圆顶龙的学名意为"有气腔的爬行动物"，这是因为圆顶龙中空的骨头里有与肺部相通的巨大的气腔，这些气腔能够帮助它们减轻体重。

趣味问题

圆顶龙的繁殖方式十分有趣，你知道它们是怎样繁殖后代的吗？

进食方式

圆顶龙生活在广阔的平原上，是一种群居的植食性恐龙。圆顶龙在采食植物的叶子时，并不咀嚼，而是将叶子整片吞下，这是因为它们有强大的消化系统，除此之外，圆顶龙也会吞下胃石来帮助消化。

第二个"大脑"

圆顶龙的骨髓在臀部附近扩大，这让一些古生物学家猜测，圆顶龙的臀部可能拥有第二个"大脑"，它的作用主要是调节身体的动作。

牙齿结构

圆顶龙的牙齿很长，整齐地排列在颌部，形状很像凿子，这显示圆顶龙能够咬碎较粗糙的植物。

揭晓答案

　　圆顶龙不做窝，而是边走边产蛋，产下的恐龙蛋最后排成了一条直线。而成年的雌性圆顶龙也没有亲代抚育的行为，它们产完蛋后就会一走了之。

埃德蒙顿龙

埃德蒙顿龙又被翻译成爱德蒙托龙，它们是以化石发现地区的加拿大艾伯塔省埃德蒙顿来命名的。埃德蒙顿龙是一种体形巨大的恐龙。埃德蒙顿龙的身长可达 13 米，体重 8～10 吨。埃德蒙顿龙的头部侧面呈三角形，没有头冠，头部前段和后段较宽，中段狭窄，口鼻部与鸭子的喙类似。

群居恐龙 ▶▶▶▶

　　古生物学家在方圆 40 万平方米的地区内发现了大量埃德蒙顿龙的化石，埃德蒙顿龙化石的集中分布显示出埃德蒙顿龙是一种群居的恐龙。

趣味问题

埃德蒙顿龙以坚硬的植物为食，它们是如何咀嚼坚硬的植物的呢？

行走方式

埃德蒙顿龙主要以后足行走，但是其前肢也有足够的长度，具备行走的能力，因此它们也能够四足着地行走。据2007年的一项研究显示，埃德蒙顿龙的行走时速能达到45千米。

揭晓答案

埃德蒙顿龙的口中有数百颗牙齿，这些牙齿排成数十列。当上下颌咬合时，紧密排列的牙齿能将口中的食物磨碎。

生存环境

古生物学家在一块埃德蒙顿龙的尾部化石上发现了牙齿的咬痕，这显示这只埃德蒙顿龙生前曾被肉食性动物攻击过。而与埃德蒙顿龙生活在同一时期、同一地域的能够攻击埃德蒙顿龙的大型肉食性动物就是霸王龙。显然，埃德蒙顿龙的生存受到了很大威胁。

你知道吗

埃德蒙顿龙是白垩纪晚期一种分布广泛的恐龙，甚至在离赤道较远的寒冷地区也有分布。但是当天气异常寒冷的时候，埃德蒙顿龙或许会离开自己的家，到一个暖和的地方去过冬，等到自己的家乡天气暖和的时候再回来。

腱龙

大小不一

　　腱龙的体形大小不一，从中型到大型都有。腱龙身长7~10米，体重为5吨。对于腱龙的具体特征，人们还不是很了解，只知道它们十分笨重。与自己的同类相比，腱龙有一条又粗又长的尾巴。

趣味问题

　　属于植食性恐龙的腱龙是如何抵御猎食者攻击的呢？

知之甚少

古生物学家发现的腱龙化石很不完整，只发现了部分前肢化石，因此，对于腱龙的详细信息，人们还不是很清楚。

揭晓答案

腱龙的性情一般比较温顺，但当遭遇猎食者袭击的时候，它们会用后肢踢打敌人，或者用尾巴抽打敌人。

自卫能力

古生物学家们在发现腱龙化石的同时，也发现了恐爪龙的化石。古生物学家们推测，恐爪龙会以群体狩猎的方式攻击腱龙。而这两种恐龙化石一同被发现也表明，并不是每场战争的胜利者都是恐爪龙。

行走方式

腱龙的后肢无法有效地支撑其笨重的身体，因此这种恐龙是以四足行走的。这点从已发现的腱龙化石中也可判断出来。

鹦鹉龙

外形特征

　　鹦鹉龙的嘴像鹦鹉嘴一般尖而弯曲，因此科学家将这种恐龙命名为鹦鹉龙。鹦鹉龙的体形很小，身长一般只有一米左右。鹦鹉龙的头短而宽，颧骨向外突出，颈部短，牙齿呈叶状。它们的前肢短小，后肢长而粗壮。

鬃毛状结构

一些种类的鹦鹉龙背部与尾部之间有鬃毛状结构，至于这种结构具体有什么作用，目前还没有定论。很多科学家猜测这种结构可能只是用来向异性炫耀的。

趣味问题

鹦鹉龙的牙齿并不适合咀嚼，那么它们是怎样消化坚硬的植物和坚硬的果实的呢？

生活习性

　　鹦鹉龙是一种群居恐龙，主要生活在亚洲地区。它们既可以用后足行走，也可以用四足行走。鹦鹉龙的性情十分温和，是一种植食性恐龙，主要以坚硬的植物和坚硬的果实为食。鹦鹉龙的喙状嘴能够咬断坚硬的植物或咬碎果实的外壳。

揭晓答案

　　鹦鹉龙会吞下胃石来帮助自己磨碎胃中坚硬的食物。它们最多时吞下的胃石个数超过 50 颗。这些胃石会储藏在砂囊中，这与现在的鸟类很相似。

最全面的化石

在已经发掘出的鹦鹉龙化石中，有很多完整的个体，并且从幼体到成年体都有。已经发现的鹦鹉龙化石有超过 400 个个体，可谓是恐龙中化石最全面的一种，因此它们被称为"白垩纪早期的标准化石"。

附：迷惑龙寻亲记

我一定会找到自己的族群！

寻亲路上，迷惑龙认识了很多恐龙。

迷惑龙看见两只翼龙正在比试飞行技巧。

你知道我是哪个恐龙家族的吗？

你应该是梁龙、迷惑龙或是腕龙家族的。

126

迷惑龙向正在捕食的较龙询问是否认识自己的族群。

迷惑龙又询问了很多种恐龙。

最终，迷惑龙在河边找到了自己的族群。

图书在版编目（CIP）数据

素食主义：总也吃不饱的梁龙 / 崔钟雷编著. ——
北京：知识出版社，2014.9
（恐龙大追踪）
ISBN 978-7-5015-8210-5

Ⅰ.①素… Ⅱ.①崔… Ⅲ.①恐龙–普及读物 Ⅳ.
①Q915.864–49

中国版本图书馆 CIP 数据核字(2014)第 214161 号

恐龙大追踪——素食主义：总也吃不饱的梁龙

出 版 人	姜钦云	
责任编辑	李易飏	
装帧设计	稻草人工作室	
出版发行	知识出版社	
地　　址	北京市西城区阜成门北大街 17 号	
邮　　编	100037	
电　　话	010-88390659	
印　　刷	北京一鑫印务有限责任公司	
开　　本	889mm×1194mm　1/16	
印　　张	8	
字　　数	80 千字	
版　　次	2014 年 9 月第 1 版	
印　　次	2020 年 2 月第 3 次印刷	
书　　号	ISBN 978-7-5015-8210-5	
定　　价	28.00 元	